監修 浅利美鈴

ごみゼロ大作戦！

① ごみってどこから生まれるの？

めざせ！
Rの達人
アールのたつじん

はじめに

「エコ」とか「ごみ」とか、みなさんはもう聞きあきているかもしれませんが、でも実際のところ、どんな問題が起こっているか、説明できるでしょうか？

まず、いわゆる「エコ」について。みなさんがふだんのくらしで環境汚染や環境破壊を感じることはあまりないと思いますが、じつは世界をながめてみると、たいへんな状況の国や地域がたくさんあります。それを遠い外国のこと、と考えるのは大まちがいです。いまのわたしたちのくらしは、世界中の食べものや製品、資源に支えられており、それが各地の環境問題を引き起こしているのかもしれません。また、汚染のように目に見えてわかりやすいものではない問題も山積みです。地球温暖化などが有名ですね。みなさんがおとなになったときにどんな環境になっているかは、わたしやみなさんのくらしかたにかかっているのです。

「ごみ」についてはどうでしょう？ 知らないあいだに処理されていて、それがどうなっているかなんて、考えたこともないという人も多いのではないかと思います。わたしもそんなひとりだったのですが、ひょんなことから大学で「ごみ」を研究することになり、もう20年近く、ほぼまいにちごみを見て、考えて、くらしています。大学の研究グループは、1980年からずっと「ごみ」を細かく分類する調査をつづけており、それが研究の原点になっています。

1980年というと、みなさんが生まれるずっと前ですね。そのころのごみといまのごみをくらべると、いろいろな変化が見えてきます。たとえば……
○以前は子ども用のオムツが多かったのが、いまはおとな用のオムツやペット用のシートがふえている
○レジぶくろや宣伝用の紙は最近少し減った
○まだ食べられそうな食品がたくさんすてられるようになった
などなど。
　みなさんは、どうしてこのような変化があったか、わかりますか？　「少子化・高齢化が進んだから」「犬や猫を家の中で飼う人がふえたから」「レジぶくろ削減運動が進んだから」「新聞が減ったり、インターネットが広がったりしてチラシが減ったから」「食べものを買いすぎる人がふえたから」こんな答えでしょうか。こうして見てみると、ごみはくらしと深くかかわっているなあと思いませんか？　そう、「ごみ」は、わたしたちのくらしや社会の成りたちを包みかくさず教えてくれるのです。とてもおもしろくて、気がつけば20年経っていました。
　このシリーズでは、その「ごみ」をどのようにして減らすか、徹底的に考えます。
　さあ、ごみゼロの達人をめざして、ページを開いてください！

浅利美鈴

もくじ

はじめに………2
はじめよう！　ごみゼロ大作戦！………5

くらしをささえる資源………6
すべてのものは「地球の資源」でつくられる………8
ものはいつかごみになる………10
減っていく資源とふえていくごみ………12

ごみはどこから生まれるの？………14
ものをたくさんつくってたくさん売る社会………16
「べんり」がごみをふやしている………18

ごみとわたしたちのくらし………20
ごみのしまつにはお金やエネルギーがかかる………22
ごみをうめたてる場所がなくなっていく………24

NEWSごみゼロ
特集 ごみを取りまく環境問題………26
焼畑によって破壊されるマレーシアの森林………26
日本で食べるものを外国から運んでいる………30
人が出したごみが生きものをおびやかす………32
有害廃棄物が地球環境を汚染する………34

Rの取りくみでごみを減らす………38
Rのアクションでごみゼロをめざそう………40
地球の資源を守るエコなくらし………42

ごみゼロ新聞　第1号………44
Rの達人検定　入門編………46
さくいん………47

はじめよう！ごみゼロ大作戦！

ぼくは「Rの達人」。
「R」とは、ごみをゼロにする技のこと。
長年の修行によって、たくさん身につけた
「Rの技」を、これからきみたちに伝授する。

さあ、めざせ！ Rの達人！

いっしょにごみをふやさない社会をつくろう。

「Rの技」

リデュース Reduce
リユース Reuse
リサイクル Recycle
リフューズ Refuse
リペア Repair
レンタル＆シェアリング Rental & Sharing

この本の本文には、環境にやさしい再生紙とベジタブルインキを使用しています。

すべてのものは「地球の資源」でつくられる

資源にはいろいろな種類があって、ものによって使われる資源はちがうよ。

部屋の中をのぞいて、どんなものが何からつくられているのか、見てみよう。

紙
木や草から取りだした「パルプ」というものからつくる。

布
植物のワタの種の毛や羊の毛などを織ってつくる。石油からつくられた「アクリル」や「ポリエステル」という繊維でつくられているものもある。

ものはいつかごみになる

使う人にとっていらなくなったり、役に立たなくなったりして、すてられるものを「ごみ」というよ。

くらしの中で発生するごみには、どんなものがあるかな？

自分の部屋や学校など、身のまわりを見わたして、どんなところからごみが発生するのか、考えてみよう。

8〜9ページで見た部屋の中にあるもので、ごみになりそうなものをさがそう。

1 服
服は、からだが大きくなってサイズが合わなくなると、着られなくなり、すてられる。

2 おもちゃ
おもちゃは、古くなったり、こわれたり、また、あきられたりして、ごみになる。

3 雑誌や新聞
雑誌や新聞の記事は、そのときの流行やニュースがのっているので、時間が経つと古くなり、すてられる。

4 紙
よごれのついた紙やティッシュ、チラシのほか、おかしなどの食品が入った箱は中身を食べきったらごみになる。

5 自動車
パンクしたタイヤや割れたガラス、古くなった車体などはごみになる。

6 家具
古くなって、引き出しがあきづらくなったり取っ手がとれたりして使わなくなった家具は、粗大ごみになる。

7 ペットボトル
中身を飲みきって空になったペットボトルはごみになる。

8 食べのこし
食べきれなくてのこした料理は、生ごみとしてすてられる。

減っていく資源とふえていくごみ

教えて！達人

わたしたちの身のまわりにある、たくさんのものをつくるために、たくさんの資源が使われているよ。

こんなにたくさんの資源を使ってつくったものも、使いおわればごみになってしまう。

いま、地球では資源がどんどん減って、ごみがどんどんふえていっているんだ。

農作物をつくるために森林を切りひらき、森がうしなわれる（→26ページ）。

火力発電所の燃料や鉄をつくる原料などを得るために、たくさんの石炭を採掘しつづけている。

燃料やプラスチック製品の原料にするためにたくさんの石油を採掘しつづけている。

食習慣の変化により魚の消費量が世界的にふえ、太平洋クロマグロなどの魚が絶滅の危機にさらされている。

化石燃料

動植物の死がいが地中でおしつぶされて、数億年もの長い時間をかけて化石に変化した燃料を「化石燃料」といいます。

石油や石炭は化石燃料です。化石燃料を、電気やガス、ガソリンなど、使いやすいかたちに変えて、わたしたちはまいにちたくさん消費しています。

コンビニで売られているおにぎりやパン、べんとう。
いつもたくさんならんでいるけれど、こんなにひつようかな。

ごみはどこから生まれるの?

ものをたくさんつくってたくさん売る社会

コンビニやスーパーマーケットへ買いものに行くと、店の中にはたくさんのものがならんでいるね。
工場でたくさんつくったものを、店でたくさん売る。だけど、つくったものが売れなければごみになってしまうよ。

工場

一度にたくさんつくるわけ
商品を少しずつ何回かにわけてつくるよりも一度にたくさんつくったほうが、ものをつくるのにかかるお金を安くすませることができる。

さいきんは機械やロボットにまかせて、時間と人の手をかけず、かんたんに大量生産できるようになったよ。

店(みせ)

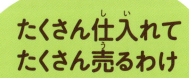

たくさん仕入れて たくさん売るわけ

商品が売りきれてたなが空っぽになるのをふせぐために、多めに注文して仕入れる。たなにはつねにたくさんの商品をならべておく。

売れのこったものはごみになる。

スーパーマーケットで売れのこってすてられた食品。

データコーナー

食べもののごみはどこからどれくらい出る?

食べもののごみが発生するのはコンビニやスーパーマーケットだけではありません。食品をつくる工場では、野菜やくだものの皮、魚の骨などの調理くずや使用ずみの油などが、ごみとしてすてられています。

1年間に発生した食べもののごみの量

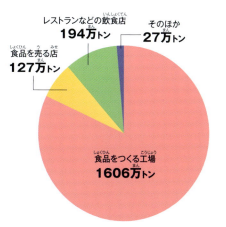

- レストランなどの飲食店 194万トン
- そのほか 27万トン
- 食品を売る店 127万トン
- 食品をつくる工場 1606万トン

出典:「平成26年度食品廃棄物等の年間発生量及び食品循環資源の再生利用等実施率」(農林水産省)

大量生産・大量消費

ものをたくさんつくることを「大量生産」、たくさん使うことを「大量消費」といいます。むかしは人の手でものをつくっていたので、そんなにたくさんつくることができませんでした。18世紀にイギリスで起きた「産業革命」により、機械で大量にものをつくる時代がはじまりました。いまでは、「安いものを気軽に買って使いすてにする」という生活が一般的です。

「べんり」がごみを ふやしている

むかしといまのくらしをくらべてみよう。むかしにくらべて、いまは、どんなものも、いつでも、どこでも手に入るべんりな時代になった。でも、ごみの量はものすごくふえているんだ。

どうしてべんりになるにつれて、ごみがふえていったのかな？

食事

むかし

むかしは自分で調理する家庭が多かったから、量もメニューも調節できて、むだになる食材も少なかった。

いま

いまは、手軽にべんとうが買えるし、調理ずみのレトルト食品もべんりに使えるけれど、量の調節ができないから、のこしてしまうこともあるし、容器包装のごみが出る。

買いもの

むかし

買いものかごはかならず持っていったし、とうふを買うときは、とうふを入れてもらう容器も持っていった。

いま

スーパーで売られている品物はふくろやトレイで包装され、レジぶくろに入れて持ちかえる人も多い。ふくろやトレイはごみになる。

冷蔵庫

むかしは「氷冷蔵庫」といって、氷を入れて食べものや飲みものを冷やしていた。氷はとけるので、何日も保存できないから、食べきれる分だけ買った。

むかし

いまの冷蔵庫は、電気で冷やすので、食品を保存できる期間が長くなり、たくさん買いだめしておくことができるようになった。しかし、使いきらずに、食材をすててしまうこともふえた。

いま

着るもの

むかし

むかしは、服がいまほど安くなかったので、きょうだいがいる人は、おさがりを着たり、着物を仕立てなおして着たりと、ひとつの服をたいせつに着つづけていた。

いま

いまは「ファストファッション」の流行で、「安くてかわいい・かっこいい服」が気軽に手に入るようになり、どんどん新しい服を買うようになった。そのため、まだ着られるのに、着ないまま、ごみになったりすることがふえた。

ごみの中身の移りかわり

くらしの変化によって、ごみの中身も変わりました。むかしは生ごみや糸くず、紙ごみなどが多かったのですが、いまではレジぶくろや食品トレイ、ペットボトルなど、プラスチックごみが増加しています。

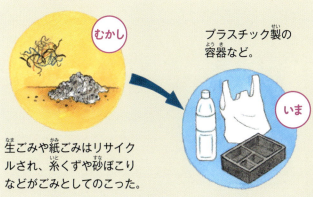

むかし：生ごみや紙ごみはリサイクルされ、糸くずや砂ぼこりなどがごみとしてのこった。

いま：プラスチック製の容器など。

紙ごみやプラスチックごみなど、いろいろなものをすてているね。
ごみの日に出したごみは、だれがどこへ運んでいるのかな。

ごみとわたしたちのくらし

教えて！達人
ごみのしまつにはお金やエネルギーがかかる

わたしたちが出したごみはごみ収集車でごみ処理施設に運ばれて、さいごはうめたて地に運ばれる。

ごみを運んだり処理したりするために、ひとりあたり年間約1万5000円、日本全体で1年に約19億円のお金がかかる。

ごみはすてたあとの処理がたいへんなのだ。ごみの量がふえればふえるほど、処理にかかるお金やエネルギーがふえるのだ。

ごみを集める

ごみ収集車が来て、ごみを集める。ごみを出すときは、「もえるごみ」と「もえないごみ」など、ごみの種類ごとにわけて出すこともある。

（写真提供：東京二十三区清掃一部事務組合）

データコーナー

家の中から出るのはどんなごみ？

京都府京都市と京都大学の調査によると、「もやすごみ」の半分以上を生ごみと紙ごみがしめています。

「もやすごみ」の内訳（重さ）

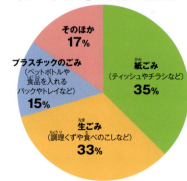

- そのほか 17%
- 紙ごみ（ティッシュやチラシなど）35%
- 生ごみ（調理くずや食べのこしなど）33%
- プラスチックのごみ（ペットボトルや食品を入れるパックやトレイなど）15%

出典：「平成26年度 環境政策局事業概要」（京都市）

ごみを処理する

集めたごみは種類別にごみ処理施設へ運ばれる。生ごみや紙ごみなどは、焼却炉でもやされる。大型のごみは、くだいて金属資源などを取りだしたあと、処理する。

粗大ごみの処理施設。

資源として回収した金属は、一時的に保管しておく。

（写真提供：東京二十三区清掃一部事務組合）

ごみ処理にかかるエネルギー

ごみを処理するときは、集めたごみを、車で焼却炉へ運んだり、灰になったごみを外へ運びだしたりするひつようがあります。また、焼却炉は24時間休みなく働きつづけているため、ごみの処理にはたくさんのエネルギーが使われていることがわかります。

焼却炉。850～950度の高温でごみをもやす。

ごみをうめたてる

焼却されてのこった灰や、細かくくだかれた不燃ごみを、「最終処分場」という場所に運び、うめたてる。

最終処分場

最終処分場にはいくつかの種類があります。家庭から出たごみは、うめたてたあとにごみが飛びちったり流れだしたりしないように土をかぶせます。有害物質をふくむごみ（→34ページ）は、ごみに雨水がしみこんで有害な物質が外にもれださないよう、コンクリートでかこまれた処分場にうめたてられます。

（写真提供：東京都環境局）

ごみをうめたてる場所がなくなっていく

処理したごみをうめたてる最終処分場にもかぎりがあるよ。ごみがふえつづければ最終処分場がいっぱいになって、いつかごみをすてる場所がなくなってしまうよ。

もやしたり
くだいたりして
うめたてる

1年に出るごみの量は
東京ドーム約119はい分（4432万トン）

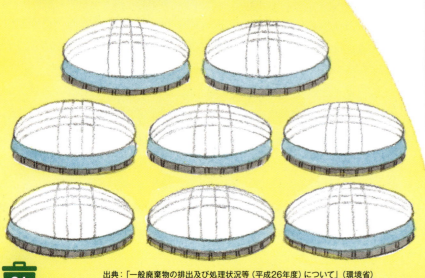

出典：「一般廃棄物の排出及び処理状況等（平成26年度）について」（環境省）

愛知県名古屋市ではごみをうめたてる場所がなくなって、自然ゆたかな干潟を最終処分場にする計画があったよ。けれども、市民が処分場の建設を反対して干潟を守ったんだ（→44ページ）。このように、ごみは自然を破壊してしまうことにもつながるんだ。

このままごみを
すてつづけると……

あと20年で
最終処分場が満ぱいになる

（写真提供：東京二十三区清掃一部事務組合）

東京都の最終処分場のうつりかわり

1986年は左下に空きがあるが、2016年にはそこもうめたてられ、新しい場所へのうめたてが開始されている。

（写真提供：東京都環境局）

データコーナー

最終処分場は、いついっぱいになるの？

最終処分場がいっぱいになるまであと20年ほどです。さいきんは、ごみのかさを減らす技術やリサイクルが進み、寿命の減りがゆるやかになってきていますが、きびしい状況です。

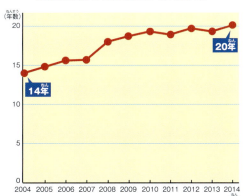

一般廃棄物の最終処分場の寿命

14年 → 20年

出典：「一般廃棄物の排出及び処理状況等（平成26年度）について」（環境省）

25

NEWS ごみゼロ

特集
ごみを取りまく

焼畑によって破壊されるマレーシアの森林

いま、世界の各地で森林が破壊され、失われています。写真は、食べものをつくる農地を開拓するために焼きはらわれた森林のようすです。

環境問題

日本で食べるものを外国から運んでいる ▶30ページ

人が出したごみが生きものをおびやかす ▶32ページ

有害廃棄物が地球環境を汚染する ▶34ページ

みなさんこんばんは。
「NEWSごみゼロ」の時間です。
さきほどの森林破壊の写真には
おどろきましたね。
まいにちの食事と世界の環境問題は
つながっているようです。
きょうは、ごみを取りまく環境問題
について、3本立てでお送りします。

NEWS ごみゼロ 日本で食べるもの

「食料自給率」ということばを知っていますか？ これは日本の食料のうち、日本国内でまかなわれている食材の割合のことです。いま、日本の食料自給率は、40パーセント。なんと、まいにち食べる食材の半分以上を外国のものでまかなっているのです。

たとえば、てんぷらそばの食料自給率は、24パーセントです。そばは中国やアメリカから、エビはタイ、ベトナム、インドネシアから、てんぷらをあげる菜種油はカナダからの輸入にたよっています。

こういったたくさんの食材が日本に運ばれてくるまでに、たくさんのエネルギーや資源が使われています。

出典：「知ってる？ 日本の食料事情（平成28年8月）」（農林水産省）

エビはタイやベトナム、インドネシアなどのアジアの国ぐにから輸入している。

バナナは熱帯地域で栽培されるフルーツなので、日本で栽培することは気候的にむずかしい。おもにフィリピンから輸入している。

牛肉はおもにオーストラリアやニュージーランド、アメリカなどから輸入している。

を外国から運んでいる

パンやうどんの材料に使われる小麦粉の原料・小麦は、アメリカやカナダから輸入している。

マグロやサケ、カニ、イカなどの水産物は南米やアジア、ロシアなど、世界のさまざまな地域から輸入している。

フードマイレージ

外国でつくられたものは飛行機や船で運ばれる。「フードマイレージ」は、生産されてからわたしたちが食べるまでにかかった輸送距離と重さを数字であらわしたもの。日本のフードマイレージは世界ナンバーワンなんだ。

（トン・キロメートル）

日本	8669
韓国	3172
アメリカ	2958
イギリス	1880
フランス	1044
ドイツ	1718

出典：2010年農林水産省調べ

Rの達人さん

「食べる」ということに、こんなにたくさんのエネルギーや資源を使っています。もし、食べのこしてごみにしてしまうとしたら、これらのすべてをむだにしてしまうことになるのです。

NEWS ごみゼロ

人が出したごみが

　写真は、たくさんのごみが漂着した海岸のようすです。海岸に打ちあげられたウミガメのからだに漁網がからみついてしまっています。
　人が出したごみが、生きものの命をおびやかしているのです。

生きものをおびやかす

NEWS ごみゼロ　有害廃棄物が地球

工場や家庭などから出るごみのうち、そのまますてると、人体や自然に被害をおよぼす危険のあるごみを「有害廃棄物」といいます。

いろいろな有害廃棄物

蛍光管
「水銀」という、非常に強い毒性を持つ有害物質がふくまれている。

核廃棄物
生物の遺伝子をきずつける放射性物質をふくんでいる。

注射器
針や注射液についている病原菌に感染する危険がある。

ペンキ
空気中に蒸発しやすいトルエンなどの有害物質をふくんでいる。

農薬
有機リンやダイオキシンなど体内に入るとなかなか排出しにくい有害物質がふくまれている。

電池
現在は水銀などの有害物質をふくまないものになっているが、古いものや一部の輸入品にはふくまれているものもある。

３Ｃで安全に処理する

有害廃棄物を安全に処理するために、３つのＣがたいせつだとされています。

①クリーン（Clean）
有害な物質を無害な物質に変えたり有害物質を減らすこと。

②サイクル（Cycle）
有害廃棄物にふくまれる資源をできるだけ再利用すること。

③コントロール（Control）
有害な物質をしっかりと管理、無害化処理すること。

いまでは、法律で有害物質はてきせいに処理しなければならないと定められている。だけど、こういった有害物質をなるべく出さないようにくらすことがこれからたいせつになってきます。

環境を汚染する

©時事（2011年3月24日撮影）

　2011年3月11日に東日本大震災が発生しました。この地震により、福島第一原子力発電所で大事故が発生。放射性物質が大量に放出され、福島県を中心とする広い地域の環境が汚染されました。放射性物質は海にも流れたため、放射能の影響は国境をこえて広がるといわれています。

放射能の影響を少なくするために、地表の土をはぎとる除染が行われている。はぎとられた土はフレコンバッグにつめられ、積みかさねられているが、この汚染された土などの廃棄物をどこに処分するのか、まだ決まっていない。

ここまで、ごみが生まれるわけやごみの処理について勉強してきたね。これ以上ごみがふえないために、きみたちにどんなことができるかな。

Rの取りくみでごみを減らす

Rのアクションでごみゼロをめざそう

ごみを減らし、ごみゼロをめざすためにできる取りくみがあるよ。
頭文字が「R」からはじまる、さまざまな取りくみを見てみよう。

Refuse リフューズ
ごみになるものをことわろう

いらない包装やふくろをことわることも、ごみを減らすことにつながる。

★ 3 リフューズ・リペアでくわしく説明しているよ。

Reduce リデュース
ごみを減らそう

シャンプーを買うときはつめかえ用を選べば、ボトルをくりかえし使うことができる。

★ 2 リデュースでくわしく説明しているよ。

Repair リペア
ものを修理しよう

こわれたものやよごれたものは、修理をしたりクリーニングしたりすれば、長く使いつづけることができる。

★ 3 リフューズ・リペアでくわしく説明しているよ。

Reuse リユース
ものを使いぬこう

自分にとって不要なものでも、ひつような人にゆずれば、長くくりかえし使うことができる。

★ 4 リユースでくわしく説明しているよ。

Rental　Sharing
レンタル&シェアリング
ものを借りてみんなで使おう

★ 5 レンタル&シェアリングでくわしく説明しているよ。

「ひとつのものをみんなで共有する」という、ものの持ちかたもあるんだ。

Recycle
リサイクル
ごみを生かそう

再利用できるものは資源にもどすことで、ものを新しくつくるよりも資源の消費を減らすことができる。

★ 6 リサイクルでくわしく説明しているよ。

循環型社会

ごみになるものや資源の消費をおさえ、まだ使えるものは再利用し、ごみとしてすてられたものもできるだけ資源として再生していく「循環型社会」をつくるひつようがあります。

循環型社会の実現には、ものをつくる人（生産者）・ものを売る人（販売者）・ものを買う人（消費者）、国や自治体・個人など、みんなが協力してRの取りくみを行うことがたいせつです。

みんながRのアクションを実践していけば、ふえつづけるごみが減るだけでなく、かぎりある資源（→8ページ）をたいせつに使うことにもつながるのだ。

教えて！達人 地球の資源を守る エコなくらし

ごみを減らすこと以外にも、ふだんの生活のなかで見直せることはないかな。
地球の資源を守るエコなくらしをめざすために、どんなことができるか、見てみよう。

そうじをしよう

そうじをしてものをきちんと手入れしてきれいにたいせつに使いつづければ、ごみになるものを減らすことができる。
着られなくなった服はほかの人にゆずろう。

水をたいせつに使おう

シャワーや水道の流しっぱなしは水のむだづかいになる。トイレも「大」と「小」を使いわければ水を節約することができる。

このほかにも、買いものをするときに地元でつくられたものを選ぶ、出かけるときはマイバッグやマイボトルを持参するなど、家の外でも実践できる取りくみがあるよ。

地産地消

食べものの買いかたで、環境に負担をかけないくふうができます。その取りくみのひとつが「地産地消」です。「地元でとれたものを地元で消費する」という意味です。生産地が近ければ近いほど、フードマイレージ（→31ページ）が少なくなります。また、旬の食材を選ぶこともエコにつながります。旬の食べものはその時期がいちばんおいしく、栄養価も高く、安いだけでなく、自然な状態で、よけいなエネルギーを使わずに育っています。

早ね早起きをしよう

朝早く起きて、夜早くねれば、照明やテレビをつける時間も短くなって、エネルギーを節約することができる。

食べものをたいせつにしよう

食べのこしをしたり食べものをくさらせたりしないように気をつけよう。ばら売りのものを買うなど、買いもののしかたをくふうすれば、ごみを減らすことができる。食べきれないものは近所や友だちにおすそわけしよう。

ごみを減らそう

リデュース、リユース、リサイクル、リフューズ、リペア、レンタル＆シェアリングなどの取りくみを実践して、ごみを減らそう。

43

ごみゼロ新聞

名古屋市の「ごみ非常事態宣言」

藤前干潟で行われている観察会。

で、湿地や水鳥を守るラムサール条約にも登録されています。

この場所は、以前、ふえつづけるごみのため、名古屋市の埋立処分場にする計画がありました。干潟の自然を守りたいという多くの人の声で、1999年に名古屋市は計画を中止し、「ごみ非常事態宣言」を出します。

干潟を守るために、市と市民・事業者が一体となってプラスチック製・紙製容器包装の分別収集などさまざまな取りくみをした結果、2年間で23パーセントごみを減らしました。その後もレジぶくろの有料化など、ごみを元から減らす活動をつづけています。

名古屋港に、潮が引くとすがたをあらわす藤前干潟があります。魚や海の生きものを育て、それをえさにするさまざまな鳥たちが集まる自然ゆたかな場所

tv poplar
この春、番組リニューアル！
ゲストをむかえ真剣トーク
NEWS ごみゼロ
毎週土曜9時スタート

国として取りくむリサイクルの法律

日本では、1993年に、「環境基本法」がつくられました。資源を守り、将来も資源を使いつづけられる社会をつくる、世界の国ぐにと協力し、地球の環境を守るという考えかたを示したものです。この考えかたを基本に、ごみの量を減らし、リサイクルなどによって資源を再利用し、環境への負担を減らす「循環型社会」をめざしています。その目標に向け、リサイクルや、資源の利用についての法律がつくられています。

環境基本法

循環型社会形成推進基本法
循環型社会をつくるために、国や自治体、企業、国民の役割を定めた。

資源有効利用促進法
リサイクルを中心にした「再生資源利用促進法」が改正され、リユースやリデュースに関する内容も多く取りあげられた。

廃棄物処理法
ごみのすてかたや処理法を定めた。

- **容器包装リサイクル法** 容器包装の分別とリサイクル。
- **家電リサイクル法** 冷蔵庫・洗濯機・エアコン・テレビのリサイクル。
- **小型家電リサイクル法** 携帯電話やデジタルカメラなどの小型家電のリサイクル。
- **自動車リサイクル法** 自動車のリサイクル。
- **建設リサイクル法** 建築材料のリサイクル。
- **食品リサイクル法** 食品のリサイクル。

グリーン購入法 再生品や環境に配慮した商品などを買うことを求める。

自然災害がもたらす災害廃棄物

ごみゼロ新聞

第1号

災害廃棄物。これは木材、プラスチック、紙類などが多い「可燃性混合物」。

2011年に起きた東日本大震災では、たおれた家や建物、家具や道具など、約2000万トンの「災害廃棄物」が発生しました。また、津波によって海底からまきあげられた土砂やどろなどの「津波堆積物」がおよそ1000万トンありました。日本全体の1年間の一般ごみ量が約5000万トンですから、その量の多さがわかります。

道路や人びとの生活の場をうめつくした災害廃棄物は、まず、仮置き場に集められました。そこで、もやせるごみ、コンクリート、木材、金属のくずなどに分別、さらにリサイクル家電、自動車、有害廃棄物や危険物、思い出の品などに細かく分別した地域もありました。もやせるごみは、くだいてもやし、リサイクルできるものは再利用、もやせないごみは、被災地だけでなく全国で受けいれて処理しました。廃棄物の処理が終わるまでに3年かかりました。

達人のつぶやき

たくさんの資源を使い、大量にものをつくり、大量にすてる。つくるときも、すてるときも、空気や水をよごし、森林を破壊する。わたしたちのべんりなくらしのために、自然環境を変化させ、くるわせる。そして、その環境の変化がわたしたちの生活に悪影響をあたえる。

そんな、「負の循環（どんどん悪い方向へ進むこと）」が環境問題だ。

しかも、この負の循環からぬけだす方法を、わたしたちはまだ手に入れていないんだ。これから先、どのくらい地球上で安心してくらしていけるのかもわかっていない。

だからこそ、いますぐにできる「ごみゼロ」をめざすことがだいじなんだ。

入門編

さて、資源や環境・ごみ問題のことがわかったかな？
検定問題にちょうせんだ！

問題1　まちがった製品と資源の組みあわせはどれ？

1. レジぶくろ⇔石油
2. ティッシュペーパー⇔木
3. 缶⇔金属
4. びん⇔水

問題2　「大量生産・大量○○」の○○にあてはまるものはどれ？

1. 注文
2. 消費
3. 資源
4. 購入

問題3　ごみをへらす行動として正しいのはどれ？

1. 安売りをしていたら買いだめしておく
2. べんりなものを見つけたらすぐに買う
3. 食べきれないものはおすそわけする
4. 紙ごみもペットボトルも、ひとつのふくろにまとめてすてる

問題4　環境問題についてまちがっているのはどれ？

1. プラスチックが海の汚染を引き起こしている
2. 家庭で使う製品は有害物質をふくまない
3. 食料をつくるために森林がなくなっている地域がある
4. 災害のときにはごみがたくさん出る

問題5　Rの説明として、まちがっているのはどれ？

1. リデュース：ごみを元（もと）から減らす
2. リユース：ものを使いぬく
3. リサイクル：ごみを生かす
4. レンタル＆シェアリング：ものをひとりじめする

さくいん

この本に出てくる、おもな用語をまとめました。見開きの左右両方に出てくる用語は、左のページ数のみ記載しています。

あ
- エネルギー ……………………… 22、30、43

か
- 核廃棄物 ………………………………… 34
- 化石燃料 ………………………………… 12
- 家電リサイクル法 ……………………… 44
- 環境基本法 ……………………………… 44
- グリーン購入法 ………………………… 44
- 原子力発電所 …………………………… 35
- 建設リサイクル法 ……………………… 44
- 小型家電リサイクル法 ………………… 44
- ごみ収集車 ……………………………… 22
- ごみ処理施設 …………………………… 22
- ごみ非常事態宣言 ……………………… 44

さ
- 災害廃棄物 ……………………………… 45
- 最終処分場 ………………………… 23、24
- 資源 …………………… 6、8、12、39、41、42
- 資源有効利用促進法 …………………… 44
- 自動車リサイクル法 …………………… 44
- 循環型社会 ……………………………… 41
- 循環型社会形成推進基本法 …………… 44
- 消費期限 ………………………………… 15
- 食品リサイクル法 ……………………… 44
- 食物連鎖 ………………………………… 33
- 森林破壊 …………………………… 26、28
- 3C ……………………………………… 34

た
- 大量消費 ………………………………… 17
- 大量生産 ………………………………… 17
- 地産地消 ………………………………… 43
- 津波堆積物 ……………………………… 45

な
- 熱帯雨林 ………………………………… 36

は
- 廃棄物処理法 …………………………… 44
- 東日本大震災 ……………………… 35、45
- フードマイレージ ……………………… 31
- 藤前干潟 ………………………………… 44
- プラスチック ……………… 9、12、19、33

- ペットボトル ……………………… 11、19
- 包装 ………………………………… 18、40

や
- 焼畑 ……………………………………… 27
- 有害廃棄物 ……………………………… 34
- 容器包装リサイクル法 ………………… 44

ら
- リサイクル ………………………… 39、41、43
- リデュース ………………………… 39、40、43
- リフューズ ………………………… 39、40、43
- リペア ……………………………… 39、40、43
- リユース …………………………… 39、40、43
- レンタル＆シェアリング ………… 39、41、43

Rの達人検定　46ページの答えと解説

問題1　答え：4
びんの材料はガラスで、ガラスは鉱物からできています。また、飲みものの容器によく使われるペットボトルは、石油からできています。

問題2　答え：2
一般的には「大量生産・大量消費」とよばれています。大量消費のあとに大量廃棄をつけて、「大量生産・大量消費・大量廃棄」ということもあります。

問題3　答え：3
1、2の行動は、購入をふやし、ごみをふやす可能性があります。ごみをすてるときは、「もやすごみ」「もやさないごみ」「資源ごみ」などに分別してすてるようにしましょう。ペットボトルは資源ごみとして回収すればリサイクルすることができます。

問題4　答え：2
蛍光管や電池などは有害物質をふくむため、てきせつに処理するひつようがあります。処理のしかたは市町村によってことなるため、自分の住んでいる地域のルールを調べてみましょう。

問題5　答え：4
レンタル＆シェアリングの正しい意味は、「ものを借りたり別の人と共有したりして、使うこと」です。

ごみゼロ大作戦! めざせ!Rの達人

1 ごみってどこから生まれるの?

監修●浅利美鈴 あさりみすず

京都大学大学院工学研究科卒。博士（工学）。京都大学大学院地球環境学堂准教授。「ごみ」のことなら、おまかせ！日々、世界のごみを追いかけ、ごみから見た社会や暮らしのあり方を提案する。また、3Rの知識を身につけ、行動してもらうことを狙いに「3R・低炭素社会検定」を実施。その事務局長を務める。「環境教育」や「大学の環境管理」も研究テーマで、全員参加型のエコキャンパス化を目指して「エコ～るど京大」なども展開。市民への啓発・教育活動にも力を注ぎ、百貨店を会場とした「びっくり！エコ100選」を8年実施。その後、「びっくりエコ発電所」を運営している。

装丁・本文デザイン●周　玉慧
ＤＴＰ●スタジオポルト
編集協力●酒井かおる
イラスト●仲田まりこ、光安知子
　　　　　いしぐろゆうこ、山中正大
　　　　　鈴木真実、中垣ゆたか
　　　　　高藤純子
編集・制作●株式会社童夢

写真提供・協力

稲沢市役所経済環境部資源対策課　循環推進グループ／愛媛県歴史文化博物館／株式会社熊本日日新聞社／Nipponism.jp／東京二十三区清掃一部事務組合／横浜市資源循環局／東京都環境局／一般社団法人JEAN(http://www.jean.jp)／名古屋市環境局／環境省災害廃棄物対策室／株式会社アマナイメージズ／株式会社時事通信フォト（ⓒ時事）

＊本書の情報は、2017年4月現在のものです。

発行	2017年4月　第1刷 ⓒ
	2024年4月　第3刷
監修	浅利美鈴
発行者	加藤裕樹
発行所	株式会社ポプラ社
	〒141-8210　東京都品川区西五反田3-5-8
	JR目黒MARCビル12階
ホームページ	www.poplar.co.jp
印刷	瞬報社写真印刷株式会社
製本	株式会社ブックアート

ISBN978-4-591-15350-5
N.D.C. 518 / 47p / 29×22cm Printed in Japan

落丁・乱丁本はお取り替えいたします。
ホームページ（www.poplar.co.jp）のお問い合わせ一覧よりご連絡ください。
読者の皆様からのお便りをお待ちしております。
いただいたお便りは監修者にお渡しいたします。

本書のコピー、スキャン、デジタル化等の無断複製は著作権法上での例外を除き禁じられています。本書を代行業者等の第三者に依頼してスキャンやデジタル化することは、たとえ個人や家庭内での利用であっても著作権法上認められておりません。

ごみゼロ大作戦！

めざせ！Rの達人 全6巻

監修 浅利美鈴

◆このシリーズでは、ごみを生かして減らす「R」の取りくみについて、ていねいに解説しています。

◆マンガやたくさんのイラスト、写真を使って説明しているので、目で見て楽しく学ぶことができます。

◆巻末には「Rの達人検定」をのせています。検定にちょうせんすることで、学びのふりかえりができます。

1. ごみってどこから生まれるの？
2. リデュース
3. リフューズ・リペア
4. リユース
5. レンタル ＆ シェアリング
6. リサイクル

小学校中学年から　A4変型判／各47ページ

N.D.C.518　図書館用特別堅牢製本図書

ポプラ社はチャイルドラインを応援しています

18さいまでの子どもがかけるでんわ
チャイルドライン®
0120-99-7777

毎日午後4時～午後9時　※12/29～1/3はお休み
電話代はかかりません　携帯（スマホ）OK

18さいまでの子どもがかける子ども専用電話です。
困っているとき、悩んでいるとき、うれしいとき、
なんとなく誰かと話したいとき、かけてみてください。
お説教はしません。ちょっと言いにくいことでも
名前は言わなくてもいいので、安心して話してください。
あなたの気持ちを大切に、どんなことでもいっしょに考えます。

チャット相談はこちらから